DIRECTEUR
GUSTAVE PHILIPPON
Docteur ès sciences.

Les Volcans

leur Origine, leurs Modes d'Activité et leur rôle

PAR

Charles MARTIN

HENRI GAUTIER, éditeur, 55 Quai des Gds Augustins. PARIS

N° 74 | Il paraît un volume tous les quinze jours

HENRI GAUTIER, éditeur, 55, quai des Grands-Augustins — PARIS.

BIBLIOTHÈQUE SCIENTIFIQUE DES ECOLES ET DES FAMILLES

CONDITIONS DE VENTE :

CHEZ TOUS LES LIBRAIRES
MARCHANDS DE JOURNAUX
ET DANS LES GARES
LE VOLUME : 15 CENTIMES

Franco par la poste en s'adressant à M. HENRI GAUTIER, Éditeur, 55, quai des Grands-Augustins, Paris
Un volume : 20 centimes ; 2 vol. 35 centimes ; 25 vol. 4 francs.

VOLUMES EN VENTE :

1. **La Photographie**, les appareils et leur usage, par A. et L. LUMIÈRE.
2. **Les Fourmis**, par H. MERCEREAU.
3. **Les Travaux de M. Pasteur**, par GUSTAVE PHILIPPON
4. **Les Parfums**, par H. COUPIN.
5. **Neige et Glaciers**, par C. VELAIN.
6. **Lavoisier, sa vie, ses travaux**, par H. MERCEREAU.
7. **Les Ballons**, par CAPAZZA.
8. **Sucres, Sucrerie et Raffinerie**, par A. HÉBERT.
9. **Les Animaux travailleurs**, par VICTOR MEUNIER.
10. **Les Plantes vénéneuses**, par L. DUCLOS.
11. **La Soie, soie naturelle, soie artificielle**, par H. MERCEREAU.
12. **Les Impôts sous l'ancien Régime**, par L. PRÉVAUDEAU.
13. **La Photographie**, développement et tirage, par A. et L. LUMIÈRE.
14. **Le Collectionneur d'insectes**, par HENRI COUPIN.
15. **L'Eclairage électrique**, par E. DUMONT.
16. **L'Industrie de l'alcool**, p. A. HÉBERT.
17. **Les Microbes de l'air**, p. R. CAMBIER.
18. **La Fièvre ; théories anciennes et modernes**, par le Dr GARRAN DE BALZAN.
19. **Le Diamant**, par H. MERCEREAU.
20. **La Céramique et la Verrerie à travers les âges**, par CH. QUILLARD.
21. **Hygiène du Chauffage et de l'Eclairage**, par N. GRÉHANT, prof. au Muséum.
22. **Les Impôts depuis la Révolution**, par L. PRÉVAUDEAU.
23. **Les Pierres tombées du ciel**, par STANISLAS MEUNIER, pr au Muséum.
24. **Le Soleil**, par CHARLES MARTIN.
25. **Le Croup**, par le Dr LESAGE.
26. **Les Travaux d'Edison**, p. E. Dumont.
27. **Les Voitures sans chevaux**, par E. DUMONT.
28. **Iles et Récifs madréporiques**, par EDMOND PERRIER, de l'Institut.
29. **La Chimie de la Table**, par X. ROCQUES, expert-chimiste.
30. **L'Or**, par H. MERCEREAU.
31. **La Poste aérienne à travers les âges**, par CH. SIBILLOT.
32. **Les Etoiles**, par CHARLES MARTIN.
33. **Le Surmenage moderne et la Neurasthénie**, par le Dr AZYGOS.
34. **Le Fer**, par R. JAGNAUX.
35. **L'Allaitement**, par le Dr PORAK.
36. **Les Eaux de Table**, par le Dr J. LAUMONIER.
37. **Les Engrais chimiques**, E. ROUX.
38. **Les Vers parasites de l'homme** par CHATIN de l'Acad. de Médec
39. **Le Vin**, par A. HÉBERT.
40. **Le Pigeon messager et ses applications**, par CH. SIBILLOT.
41. **Les Cyclones**, par L. BESSON.
42. **L'Hygiène de la Table**, par X ROCQUES
43. **Cyclisme et Cyclistes**, par H DE GRAFFIGNY.
44. **Le Ciel**, par CHARLES MARTIN.
45. **Les Eléments de la Céramique et de la Verrerie**, par CH. QUILLARD
46. **Les Tremblements de Terre**, par VICTOR MEUNIER.
47. **Les Pierres précieuses**, GAUBERT.
48. **L'Hygiène de l'Habitation**, par le Dr LAUMONIER.
49. **La Navigation à voiles et à vapeur**, par MICHEL-JULES VERNE.
50. **Perles et Pêcheries**, par H. MERCEREAU.
51. **Les Cures d'Eaux**. *Vichy et Stations similaires*, par le Dr J. LAUMONIER.
52. **Les Bains de Mer**, par le Dr J. LAUMONIER.
53. **Un Fléau social, l'Alcoolisme** par le Dr LEGRAIN.
54. **La Planète Mars**, par C. FLAMMARION.
55. **Maladies et Moyens de Défense**, par le Dr A. DEMMLER.
56. **Le Sel**, par M. ARSANDAUX, attaché à l'Observatoire de Montsouris.
57. **Les Rayons X**, par PAUL PHILIPPON, répétiteur à la Sorbonne.
58. **Le Cuir**, par M. LAMAY.
59. **Les Continents disparus**, par HENRI GUÈDE.
60. **L'Alimentation des Plantes**, leur nourriture, par E. ROUX.
61. **La Photographie positive sur verre et les Projections lumineuses**, par G. PHILIPPON.
62. **Les Poisons Minéraux**, p. E. TASSILLY
63. **La Mécanique du Cœur**, par CH. CONTEJEAN.
64. **La Race bovine**, par M. BROCCHI.
65. **Le Fond de la Mer**, par J. GIRARD.
66. **La Culture Maraîchère**, E. A. SPOLL
67. **La Mosaïque**, par E. LAURENCIE.
68. **Les Habitants des Mers anciennes**, par E. GUÈDE.
69. **La Peste**, par le Dr LAUMONIER.
70. **La Bière**, par A. HÉBERT
71. **Le Sang**, par le Dr AZYGOS.
72. **Les Poules**, par E.-A. SPOLL.
73. **Traitement de la Phtisie Pulmonaire**, par le Docteur LERAY

LES VOLCANS

LEUR ORIGINE, LEURS MODES D'ACTIVITÉ ET LEUR ROLE

PAR CHARLES MARTIN

INTRODUCTION

§ 1. — Tout le monde s'entend... ou croit s'entendre, quand on parle de *volcans*. Qui ne connaît, en effet, au moins de nom et pour en avoir lu des descriptions, le *Stromboli*, l'*Etna*, le *Vésuve* ou l'*Hécla*, pour ne citer que les plus voisins. Les relations sur ces sujets ne font pas défaut.

Seulement on sait moins quels sont les traits exacts de leur physionomie et les faits précis de leur histoire; et l'idée qu'on se fait de ces phénomènes, sur la foi des descriptions recueillies, reste souvent confuse ou risque d'être inexacte. Elle est au moins faussée, soit par l'inexactitude des observations ou des récits, soit plus encore par l'exclusive préoccupation *humaine* des narrateurs et des témoins.

§ 2. — De tout temps, le spectacle des grandes forces naturelles, toujours si imposantes, a frappé les hommes d'étonnement. L'admiration s'augmente ici du mystère. L'étonnement engendre la crainte et celle-ci produit les superstitions. Les croyances populaires, comme les traditions anciennes, témoignent de la profonde impression laissée dans les esprits par l'appareil formidable des forces souterraines. L'imagination brillante des anciens ne pouvait manquer d'en être vivement frappée. La mythologie et les poètes s'emparèrent des faits, prêtant une vie aux forces de la nature et peuplant de héros les flancs des montagnes volcaniques. L'expression de *Volcan* vient de *Vulcain*, dieu du feu. L'Etna, c'était l'atelier d'Hephaestos (Vulcain), où se forgeaient les foudres de Jupiter au milieu d'une gerbe d'étincelles jaillissantes.

Les Cyclopes, Encelade, sont autant de noms rappelant ces mythes ingénieux. Pour punir le Géant fils de la Terre, qui s'était révolté contre les dieux de l'Olympe, ceux-ci l'ensevelirent en jetant sur lui la masse énorme de l'Etna. Sous le poids qui l'oppresse.

Le monstre se débat dans sa prison profonde;

et quand le volcan gronde, quand « toute la Trinacrie tremble et que le ciel se couvre de fumée brûlante (1) » c est Encelade qui retourne ses flancs fatigués et qui

La bouche haletante et le sein enflammé
Soulève le fardeau dont il est opprimé (2).

Plus près de nous, au moyen âge, on crut encore reconnaître dans les phénomènes volcaniques des signes de la colère céleste ; on voulut voir dans les cratères les soupiraux de l'Enfer.

§ 3. — Si l'on tenait à rattacher à quelque mythe symbolique les résultats acquis par la science au sujet de l'activité volcanique, peut-être, en s'inspirant d'une ancienne tradition grecque, conviendrait-il mieux d'y voir le *Travail*.

A mesure que le redoutable mystère des volcans tend à s'éclaircir on se prend à admirer surtout l'œuvre incessante de la nature. Celle-ci, calme au milieu des révolutions qu'elle provoque dans l'humanité, poursuit, impassible, son évolution nécessaire.

C'est de Humboldt qui écrivait : « La connaissance des lois augmente le sentiment du calme de la nature. »

L'observation est juste, bien qu'il y ait, semble-t-il, quelque contradiction à parler de calme à propos de phénomènes

1. Virgile (*Enéide.*)
2. Delille (*Les trois règnes.*)

qui, pour beaucoup, sont synonymes de *Convulsions* de la nature, et dont le nom n'évoque généralement à l'esprit que des images de destruction et de ruines.

Il y aurait à cet égard bien des réserves à faire, et l'étude *scientifique* des volcans peut fournir des éléments d'informations susceptibles de mettre la question « au point ».

Ici comme ailleurs, il importe en effet de tenir compte du point de vue auquel on se place. Les récits que nous ont transmis l'antiquité et le moyen âge sont presque exclusivement remplis de scènes effrayantes Leurs auteurs se sont surtout attachés à décrire les ruines des villes, à supputer le nombre des victimes. Comment en aurait-il pu être autrement? L'esprit humain frappé par les désastres ne voit que ces désastres et ne regarde pas au delà. Les témoins d'une violente perturbation qui bouleverse toute une région sont mal placés pour raisonner des effets et des causes. On confond souvent d'ailleurs les manifestations des volcans et les tremblements de terre. Il conviendrait de rappeler dans quelle mesure et sous quelles réserves il est légitime de rapprocher ces deux phénomènes qui souvent ne présentent aucune relation (1).

Certes les derniers, plus que les autres, justifient l'effroi qu'ils inspirent. Mais ni les uns ni les autres, non plus qu'aucune des grandes manifestations de l'activité du globe, ne sauraient être envisagés à un point de vue trop exclusif. C'est le caractère commun à toutes les grandes forces dont dispose la nature d'être seulement la *Force*, et par conséquent de nous paraître aveugle et sans aucun souci apparent des individus ni de l'humanité.

Celle-ci, sans doute, eut trop souvent à en souffrir; il ne saurait être question de le contester; mais ce n'est qu'une face de la question.

Au point de vue purement géologique, les plus terribles tremblements de terre ne sont qu'un frisson limité à l'épiderme du globe; et, en parlant des volcans, Buffon n'écrit-il pas : « Tout cela cependant n'est que du bruit, du feu et de la fumée. »

La vérité est que la « machine terrestre » a ses organes :

1. Voir *Tremblements de terre*, par V. Meunier, n° 46 de la collection.

les volcans font partie de cet imposant et gigantesque mécanisme. Ils sont une des conditions du développement de la terre. Le rôle de la science est de les étudier sans autre préoccupation.

Il est juste, en outre, de remarquer que le jeu des forces naturelles est généralement complexe quant à ses résultats. Ceux-ci, toujours imposants, sont parfois terribles, il est vrai; ils sont féconds aussi. Il en est ainsi des volcans.

Leur influence a un retentissement profond sur la vie totale du globe. Il resterait à décider si cette influence est seulement et toujours destructive. Telle n'est point, du moins, l'opinion générale des géologues et des philosophes. A tout prendre, et à les comparer aux autres agents dynamiques terrestres: si l'on met le résultat final de l'activité des volcans en regard du gigantesque travail d'érosion de la mer et des eaux courantes; en les comparant aux bouleversements et aux désastres semés par le vent sur son passage, il n'y a rien de paradoxal à dire, avec Huxley, qu'ils exercent une action réparatrice. C'est ce qu'exprime assez heureusement Delille, quand il écrit que les volcans

... rapides destructeurs
Mais quelquefois aussi hardis fabricateurs
Mêlent de grands travaux à d'horribles ravages.

L'histoire *vraie* des volcans doit contenir et mettre en regard ces deux facteurs de leur action.

Qu'on veuille bien arrêter sa pensée sur les dépôts volcaniques par qui l'écorce terrestre se trouve enrichie de tant de matières jusque-là ensevelies dans les profondeurs; qu'on suppute l'épaisseur des couches de cendres qui s'ajoute à la terre végétale à la surface des continents ou qui exhausse le lit des océans (ce lit qui d'ailleurs sera peut-être émergé demain); si maintenant l'on réfléchit à la remarquable fertilité des terres volcaniques; enfin si l'on considère l'importance des soulèvements résultant de l'activité interne et par qui s'accroît, souvent en des proportions considérables, le domaine continental où peut s'exercer l'activité humaine; on conviendra que, s'il y a des ruines, de grands travaux aussi sont imputables aux volcans dont le rôle au point de vue de la formation de l'écorce est loin d'être négligeable.

Les horribles ravages des volcans, voilà pour l'humanité ; les grands travaux, voilà pour la géologie.

Nous voulons seulement envisager le fait géologique.

Nous nous efforcerons, dans ces quelques pages, d'étudier les faits avec toute la précision que peut comporter le sujet.

On ne trouvera ici de descriptions qu'autant qu'elles nous auront paru particulièrement intéressantes et dans la mesure où elles seront nécessaires aux explications.

Dans les exemples que nous présenterons, tout notre effort sera de nous borner. Là où il n'y a qu'à puiser largement, il convient surtout de choisir. Les observations exactes sont en effet peu nombreuses, du moins avant le XVIIIe siècle. L'œuvre même de la science s'est longtemps bornée à enregistrer les faits connus en tant que phénomènes isolés.

En possession aujourd'hui de résultats plus nombreux, et forts des progrès réalisés dans les sciences exactes, les naturalistes, mieux placés pour interroger la nature, ont réussi à dégager quelques lois.

Notre rôle se bornera à fixer ici ce qu'on sait aujourd'hui de plus certain sur ce sujet et à présenter au lecteur les principaux résultats acquis dans la connaissance et l'histoire des volcans.

CHAPITRE PREMIER

PARTIE DESCRIPTIVE — FAITS ESSENTIELS (1)

Généralité du phénomène volcanique.

Les phénomènes volcaniques ne sont pas des faits d'exception. Le nombre des volcans est plus considérable qu'on ne le croit généralement ; s'ils ne sont pas partout, ils sont du moins répartis sur une immense étendue. La liste s'en est naturellement beaucoup accrue avec l'extension des

1. Ouvrages à consulter : Poulett Scrope, *les Volcans ;* Fuchs, *les Volcans et les Tremblements de Terre ;* Fouque, *Œuvres ;* Zurcher et Marzolle, *Volcans et Tremblements de Terre ;* A. de Humboldt, *Cosmos.*

voyages d'exploration, et sans doute s'accroîtra encore. Aux quelques volcans méditerranéens connus depuis la plus haute antiquité, chaque étape dans les progrès géographiques ajouta quelques découvertes nouvelles. Poulett Scrope, au commencement du siècle, en dressa une liste générale comprenant 170 noms. Il y a vingt ans les géographes en cataloguaient plus de 400. Ces chiffres, de beaucoup dépassés, présentent d'ailleurs une certaine incertitude tenant à la difficulté d'établir, pour une période donnée, une démarcation suffisamment nette entre les volcans alors en activité et ceux qui sont depuis plus ou moins longtemps en repos.

M. Fuchs évalue à plusieurs milliers le nombre total des appareils volcaniques, et il a dressé une liste de 323 bouches actuellement en activité. Nous ne pouvons que renvoyer le lecteur à l'ouvrage de ce savant.

Aperçu de la distribution des volcans.

S'il est impossible de songer ici à donner l'énumération complète des volcans, il nous semble utile d'indiquer sommairement les plus remarquables foyers volcaniques ainsi que les régions qu'ils occupent. Outre l'intérêt qui s'attache au renseignement purement géographique, nous tirerons parti de cette indication pour la théorie.

On reconnaît à la simple inspection d'un globle terrestre que sa surface est coupée *transversalement* par la dépression méditerranéenne, laquelle s'étend au golfe du Mexique, à la mer Rouge, aux golfes Persique, du Bengale, etc.

D'autre part trois grandes dépressions *longitudinales* croisent la première, à savoir : l'*Océan Atlantique*, le *Pacifique* et l'*Océan Indien*, communiquant largement avec l'Océan glacial antarctique, les deux premiers seulement avec l'Océan glacial arctique. C'est précisément (le fait est à noter dès maintenant et à retenir) dans ces régions que sont groupés les principaux foyers volcaniques.

Le long de l'Océan Atlantique, du nord au sud, l'île *Jean Mayen*, l'*Islande* (Hécla), les *Açores*, les *Canaries* (Ténériffe), les îles du *Cap Vert*, de l'*Ascension* et *Sainte-Hélène* contenant environ vingt volcans.

Dans l'Océan Indien, quelques îlots avec volcans de faible

activité actuelle, tels que *Saint-Paul Amsterdam*, *Maurice*, *la Réunion*, soit une dizaine de foyers.

La dépression méditerranéenne renferme les volcans de l'archipel de *Santorin*, l'île *Julia* (submergée), le *Vésuve* en *Italie*, l'*Etna* en *Sicile*, et dans le voisinage les volcans des îles *Lipari*, dont le plus célèbre est le *Stromboli*.

On y peut rattacher les *Canaries*, les *Açores*, les *Antilles*, l'*Amérique centrale*, les îles *Sandwich*, les îles *Malaises* dont les volcans, nombreux et importants, doivent se retrouver dans la liste de ceux qui appartiennent aux dépressions de

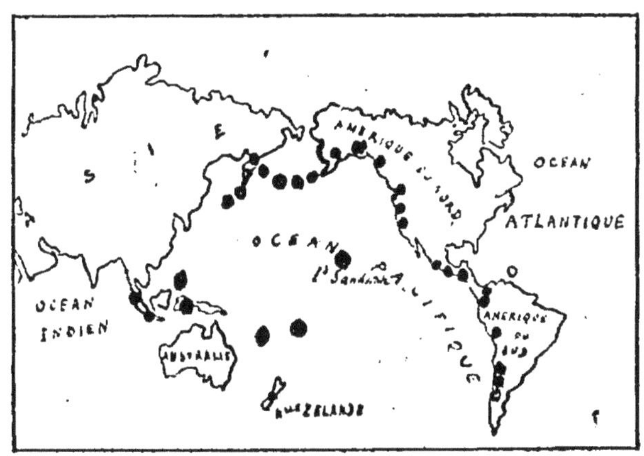

Cercle de feu du Pacifique.

l'Océan Atlantique ou du Pacifique. Ils jalonnent ainsi en réalité les points d'intersection communs à l'une et à l'autre de ces dépressions sur lesquelles nous avons tout d'abord attiré l'attention du lecteur; et c'est là, dans la distribution des volcans, un fait bien remarquable et à retenir.

Pour ce qui est de l'Océan Pacifique, c'est une véritable ceinture volcanique qui l'entoure.

Commençant à la *Nouvelle-Zélande*, elle passe par les *Nouvelles-Hébrides*, l'archipel *Salomon*, qui contiennent chacun plusieurs volcans, l'île *Hawaï* (Sandwich) célèbre par le gigantesque *Mauna-Loa*, les îles de la *Malaisie* (109 volcans), le *Japon* (plus de 20), les îles *Kouriles* (à peu près autant), le *Kamtschatka* (38), les îles *Aléoutiennes* (48), la presqu'île d'*Alaska*, les *Montagnes Rocheuses* (grand nombre de cônes teints), le *Mexique*, célèbre par le *Xorullo* et par le *Popocatepelt* et l'*Orizaba*, ces géants. L'*Amérique centrale*, plus de 25 foyers actifs, dont le *Fuego* et le *Coseguina;* la *Chaîne des Andes* où s'échelonnent environ 40 volcans des plus imposants, parmi lesquels : l'*Arequipa*, le *Cotopaxi*, l'*Antisana*, le *Chimborizo*, dont les sommets dépassent respectivement 3.500 mètres, 5.700, 5.900, 6.500 et le *Sahama* qui atteint 7.000 mètres d'altitude. Enfin, la Patagonie (Terre de Feu) et, au delà des grandes banquises australes, l'*Erebus* et le *Terror*, aux confins des régions glaciales antarctiques, ferment ce qu'on a justement appelé le *Cercle de feu* du Pacifique.

La figure ci-jointe que nous donnons d'après une carte dressée par M. Sieurin (1) parle clairement aux yeux et met en évidence cette disposition remarquable.

Idée qu'on peut se faire d'un volcan.

Qu'est-ce exactement qu'un volcan? L'expression populaire de montagne de feu ne signifie pas grand'chose; nous ne nous y arrêterons pas. Si l'on s'adresse aux géographes, ils nous diront que c'est une montagne qui vomit de la flamme, de la fumée et des torrents de matière fondue. « On dit aussi un *mont ignivome* (qui vomit du feu). La *cheminée* par laquelle sortent la fumée et la matière fondue finit par une cavité en forme de cône tronqué et renversé. Cette bouche du volcan s'appelle *cratère* (Malte-Brun). »

Il y a là des indications qui veulent être précisées.

Le volcan est-il d'abord une montagne? Pas toujours: et, quand l'appareil volcanique se présente à nous sous l'aspect d'une montagne très élevée qui s'impose à l'attention, comme l'Etna ou le Cotopaxi, que faut-il penser de cet édifice et de son origine?

Pour bien se rendre compte des choses, c'est peu d'observer des volcans établis. Il faudrait pouvoir assister à la genèse de l'un de ces appareils.

1. Carte d'étude, par MM. Dubois et E. Sieurin.

Naissance et histoire d'un volcan. Le Monte-Nuovo.

Au fond du golfe de Baïa, sur cette rive charmante qu'a chantée Lamartine, s'élève une montagne de forme remarquable, qui n'existait point avant l'année 1538.

A cette époque, toute la contrée comprise entre Naples et Pouzzoles, *après avoir été les deux années précédentes agitée de fréquents tremblements de terre*, devint le théâtre de perturbations d'une violence inaccoutumée. Des crevasses ouvrirent le sol, qui s'enfonça par endroits de 12 à 15 mètres; ailleurs, au contraire, le rivage se souleva, obligeant la mer à reculer. Enfin la terre s'ouvrit avec un bruit formidable, livrant passage à une colonne de vapeur suivie de la projection de pierres de toutes dimensions et de poussières incandescentes. Le mélange de ces cendres avec l'eau retomba sur le sol sous forme d'une boue liquide qui se durcit peu à peu sur une grande épaisseur. L'ensemble des matériaux vomis par le gouffre (dont le diamètre mesurait plusieurs centaines de mètres) édifia autour de l'orifice une véritable montagne. Celle-ci au bout de vingt-quatre heures atteignit 120 mètres. Cette nouvelle montagne reçut le nom de Monte-Nuovo, qu'elle a conservé.

Au bout de quelques jours tout était terminé. Après tout ce désordre, tout est rentré dans le calme. L'horizon du golfe s'est seulement enrichi du profil d'une montagne conique au sommet de laquelle s'ouvre une cavité en entonnoir. Au fond de celle-ci, un bouchon de roches dures et compactes, tout ce qui reste des masses liquides ignées, bloque l'orifice par où celles-ci s'ouvraient violemment passage.

Pour être très brève, l'histoire du Monte-Nuovo ne laisse pas d'être fort instructive. Voici un autre exemple.

Le Xorullo.

Plus près de nous par la date, mais dans une contrée plus éloignée, semblable fait se produisit. C'est au Mexique.

En 1759, le 28 septembre, après plusieurs mois pendant lesquels des bruits souterrains et de fortes secousses de tremblements de terre préludèrent au paroxysme final, un volcan nouveau fit soudainement son apparition au milieu d'une vaste plaine, *las Playas de Jorullo*, jusque-là couverte de riches cultures.

C'est aujourd'hui, là où s'élevaient jadis, au milieu de plantations de coton et de canne à sucre, de nombreuses et riches haciendas, une vaste étendue désolée désignée sous le nom significatif de *Malpays*.

Le volcan se dresse au milieu, composé de six cônes dont le plus élevé, qui porte le nom de *Jorullo* ou *Xorullo*, atteint environ 500 mètres. Des milliers de petits cônes de 2 à 3 mètres, les *Hornitos* (c'est-à-dire petits fours) hérissent la plaine des Malpays et complètent l'appareil volcanique.

On pourrait multiplier ces exemples. A plusieurs reprises des îles nouvelles, d'origine incontestablement volcanique, surgirent inopinément du milieu de la mer. Nous aurons l'occasion d'en reparler.

Pour l'instant les deux exemples cités nous suffiront pour fixer quelques points controversés et préciser les définitions.

Définition des volcans et des cônes volcaniques.

Pour bien des personnes le volcan est une montagne. Disons mieux : celle-ci est l'œuvre du volcan ; elle est le résultat, plus ou moins durable, et le témoin de son activité. On vient de voir comment elle prend naissance.

Pour beaucoup de personnes aussi, cette montagne spéciale, extraordinaire, se distingue des autres saillies orographiques en ce que ses flancs recèlent du feu.

C'est, on vient de s'en convaincre, bien au-dessous, et dans les profondeurs du sol qu'il faut chercher le siège du phénomène. Déjà, dans l'antiquité, certains esprits avaient deviné, sinon reconnu, que la force dynamique, dont les éruptions sont la manifestation extérieure, ne réside pas dans la montagne elle-même. Parlant du feu souterrain, Sénèque dit expressément : « *In ipso monte non alimentum habet sed viam.* »

Pour nous c'est la communication établie avec le sous-sol qui constitue essentiellement le volcan.

Nous définirons donc les volcans, *des appareils naturels mettant l'extérieur en communication permanente ou temporaire, le plus souvent intermittente, avec les parties profondes du sol.*

Le cône volcanique, c'est une montagne de débris édifiée par le volcan.

Ancienne théorie des cônes de soulèvement.

Une ancienne théorie, aujourd'hui abandonnée, représentait la montagne volcanique comme le résultat d'une intumescence, d'une sorte de boursouflure, de l'écorce. On en trouve l'écho dans Ovide. Des savants illustres y ont attaché leur nom. C'est pourquoi nous en disons un mot.

M. de Buch pensait reconnaître dans les cônes le produit du soulèvement du sol dont les parties supérieures auraient pris « la forme d'une voûte ». De son côté, de Humboldt écrit : « Le sol se gonfle comme une vessie... »

La théorie est ingénieuse mais ne résiste pas à l'examen des faits.

« *Jamais*, ainsi que l'a bien remarqué Cuvier, les volcans n'élèvent, ni ne culbutent les couches que traverse leur soupirail. »

Nous ajouterons qu'il en a toujours été de même. Aux époques reculées des éruptions primitives jamais les porphyres, ni les granits n'ont, plus que les laves actuelles, exercé, lors de leur sortie, aucune action mécanique sur les roches au travers desquelles ils s'épanchaient.

Hauteur du cône volcanique. Sa signification.

Le cône étant l'œuvre du volcan, on peut espérer trouver dans la mesure de sa hauteur des éléments d'appréciation pour estimer l'énergie volcanique. Cela est possible, en effet, mais sous la condition expresse de faire certaines réserves.

1° Et d'abord il faut se garder de confondre la hauteur absolue au-dessus du niveau de la mer, et la hauteur propre du cône, c'est-à-dire la distance verticale mesurée du sommet à la base. Ce dernier facteur seul nous intéresse ici. L'altitude n'est qu'un élément géographique qui nous renseigne sur le relief absolu. Elle ne nous apprend rien sur l'importance de l'activité volcanique dont témoigne seulement la hauteur du cône édifié. A cet égard tel volcan peu élevé nous apparaît comme un appareil plus considérable que certaines cimes volcaniques des Andes qui se dressent à plusieurs milliers de mètres d'altitude. En consultant le tableau suivant, dont nous empruntons les éléments au traité de M. Fuschs, on se rendra compte de l'intérêt de cette distinction.

VOLCANS	ALTITUDE	HAUTEUR DU CONE
Monte-Nuovo	143	143
Xorullo	1.343	493
Etna.	3.400	3 200
Cotopaxi.	4.904	2.900
Kliutschewskoja.	5.014	5.014

C'est ainsi que l'Etna est non seulement le plus grand volcan d'Europe mais encore un des plus *puissants* du monde entier. Le géant de ces cônes est celui du Kliutschewskoja Sopka, dans le Kamtschatka, entièrement formé de matières volcaniques entassées sur le bord de la mer jusqu'à la hauteur énorme de 5.014 mètres.

2° Ceci établi, il faut remarquer que la même énergie volcanique, dont le résultat a été d'élever un cône puissant, peut, dans ses manifestations ultérieures, détruire en partie ce qu'elle avait édifié. Les matériaux d'éruptions successives ne s'ajoutent pas nécessairement. La plupart des volcans sont intermittents Pendant les périodes de repos, le canal de la cheminée s'obstrue de matières qui s'opposent à l'émission des vapeurs. Celles-ci s'accumulent sous une tension de plus en plus grande. Plus le temps de préparation d'une éruption nouvelle est considérable plus le réveil du volcan est terrible. La montagne primitivement édifiée, loin de s'augmenter avec le nombre des périodes paroxysmales, court le risque d'être en partie détruite à chaque éruption nouvelle.

Le Vésuve fournit un remarquable exemple de ces effets.

Le cratère ancien et fameux de la Somma fut ainsi démantelé et partiellement détruit. C'est sur ses ruines, dans l'échancrure qui rappelle celle des cratères égueulés des Pays d'Auvergne, que s'est édifié le cône moderne. Entre ce nouveau sommet et ce qui reste du mont Somma, une vallée demi-circulaire, bien connue sous le nom d'Atrio del Cavallo, représente la partie non détruite de l'ancien cratère préhistorique. Les éruptions qui se sont succédé depuis viennent chaque fois brusquement remanier l'édifice actuel dans sa hauteur et dans son relief. Il s'élevait à 1.318 mètres (d'après Schiavone) en 1815, et retombait vers la fin de l'éruption à 1.267 mètres (J. Schmidt). En 1867 il atteignit 1.424 mètres (Schiaparelli). Ce fut sa plus grande élévation. Les éruptions qui ont suivi l'ont constamment modifié et amoindri.

L'Hécla, le plus connu des nombreux volcans d'Islande, remarquable pour ses fréquentes éruptions, dont plusieurs ont coïncidé avec celles du Vésuve ou de l'Etna, est une haute montagne de près de 2.000 mètres, qu'on voyait de la côte, dont il est pourtant éloigné de plus de 30 lieues. En 1845 une violente explosion dispersa le sommet du cratère qui s'abaissa de plus de 170 mètres.

Plus frappant encore est l'exemple du *Temboro*, dans l'île de Sumbava. Avant la formidable explosion de 1815, il mesurait au moins *treize cents mètres* de plus qu'aujourd'hui. Une seule éruption avait suffi pour détruire une masse qui, suivant l'évaluation de M. Fuchs, peut être comparée à la plus haute montagne des Vosges.

3° Enfin on ne devra pas oublier que les montagnes volcaniques se trouvent, une fois édifiées, exposées à diverses causes de destruction. La rapidité de cette destruction dépendra d'une part de la puissance érosive des agents extérieurs et d'autre part du degré de cohésion et de solidité des matériaux qui entrent dans la construction du cône.

Les seuls agents atmosphériques, en général peu rapides dans l'œuvre de destruction (les volcans d'Auvergne semblent éteints d'hier), acquièrent en certaines régions une puissance d'érosion considérable. Sous les tropiques, à Java, l'ampleur des précipitations atmosphériques dégrade l'édifice des volcans inactifs avec une étonante rapidité.

En résumé, si l'on cherche à apprécier l'énergie volcanique dépensée d'après la hauteur du cône édifié, il faut avoir présente à l'esprit la complexité des causes qui interviennent pour amener l'édifice volcanique à l'état sous lequel on l'observe; et cette mesure ne présentera en somme quelque certitude que dans le cas où l'observation portera sur le produit d'une éruption.

Iles volcaniques.

On vient de voir que les édifices construits par les volcans se trouvent livrés à l'action destructive des agents extérieurs. S'il s'agit de volcans sous-marins on conçoit sans peine que la puissance mécanique des vagues aura facilement raison du fragile édifice de scories. Pour qu'une pareille formation ait quelque chance de durer, il lui faut la protection de laves compactes qui augmentent la cohésion et la résistance. C'est à ces conditions que l'île Saint-Paul, de l'Océan indien, et Santorin, de l'archipel grec des Cyclades, doivent d'être encore debout. Encore toutes les parties de l'île ne sont-elles pas à l'abri de l'érosion, étant inégalement résistantes. La mer y découpe généralement une échancrure caractéristique que l'on peut rapprocher, abstraction faite du mécanisme qui l'a produite, des cratères dits égueulés.

Apparition d'îles nouvelles.

Plusieurs auteurs anciens tels que Strabon, Pline, Plutarque ont mentionné le fait merveilleux d'une île apparue inopinément au milieu des flammes dans le golfe de Santorin. Il ne paraît pas que ces récits aient trouvé beaucoup de crédit chez les savants, du moins pendant longtemps. Pourtant le fait s'est produit à mainte reprise et en divers endroits. Seulement, en général, ces apparitions sont éphémères. L'avenir de ces formations (toujours dues à l'éruption d'un volcan sous-marin) dépend, en effet, de la force de résistance que les matériaux accumulés pourront opposer aux assauts de la mer, ainsi qu'on l'a dit plus haut. Le plus souvent ces terres nouvelles sont faites de matériaux peu cohérents : la mer a vite fait de les disperser, et les îles brusquement apparues disparaissent de même. Nous citerons pour mémoire quelques exemples.

En 1630, première apparition d'une île de l'archipel des Açores. Quelques semaines après elle avait disparu.

En 1719, nouvelle apparition dans les mêmes parages. Cette île nouvelle vécut quatre ans, à l'expiration desquels elle s'enfonça par 130 mètres de profondeur.

En 1811, le même foyer volcanique réussit à édifier un cône imposant qui atteignit 90 mètres de hauteur. On lui donna un nom : Sabrina. Peu de temps après il n'en restait plus rien.

Enfin, toujours dans les mêmes parages, non au même point, une nouvelle éruption se produisit amenant jusqu'à la surface des matériaux aussitôt dispersés sans qu'ils eussent réussi à s'agglomérer en un îlot.

Au Kamtchatka une véritable chaîne de volcans sous-marins apparut en 1732.

En 1796, apparition d'une île nouvelle dans l'archipel Aléoutien.

En 1831, pareil phénomène en face de Sciacca (Sicile).

Il serait aisé de prolonger cette énumération. Le sujet est loin d'être épuisé ; et, les mêmes causes subsistant, l'avenir nous réserve sans aucun doute de nouvelles surprises.

Nous nous bornerons à citer encore deux exemples particulièrement intéressants.

Le Giorgios.

Le groupe des îles Santorin se compose de trois îles. La principale, très étendue, a la forme d'un croissant : c'est *Thera*.

Therasia, beaucoup plus petite, et un îlot, *Appronisi*, sont disposés sur le même cercle, entre les deux pointes du croissant, autour d'une vaste baie au milieu de laquelle se dressent trois îlots, les Kaméni, qui complètent cet ensemble.

Cette disposition ne laisse aucun doute sur l'origine. On

se trouve en présence d'un vaste cratère circulaire dont le rebord fut en partie détruit d'un côté. La mer, pénétrant par les brèches ainsi ouvertes, a rempli l'intérieur du cratère. Quant aux Kaméni, ils ne sont pas autre chose que de nouveaux cônes édifiés par des éruptions ultérieures, et l'on a vu la nature à l'œuvre. Si l'on en doutait, en voici la preuve. La source de l'énergie volcanique n'est point tarie. Or, en février 1866, après des secousses et une grande agitation de la mer, signes précurseurs d'une éruption, un nouvel îlot surgit, venant s'ajouter aux premiers. On le nomma Giorgios, du nom du nouveau roi de Grèce.

Il est à remarquer que l'apparition de l'îlot et son accroissement se firent très vite, mais sans violence. M. Fouqué, témoin oculaire, compare pour la rapidité ce développement à celui d'une bulle de savon. D'ailleurs, aucune secousse, pas d'éclat, ni feu, ni flammes; seulement une épaisse vapeur non suffocante. Voilà donc un exemple d'une manifestation volcanique qui ne s'est point signalée par des désastres. Non seulement elle n'a point fait de victimes, mais elle a augmenté considérablement l'étendue du territoire de Nea-Kameni, et les cendres qui contiennent de fortes proportions de potasse et de soude lui donnent un élément important de fertilité.

Les îles Nyoë et Julia.

Ces deux derniers exemples sont à rapprocher comme un enseignement de la fragilité de certaines îles et de la vanité des choses. En 1783, près du cap Reykjanes, en Islande, au milieu de tout un ensemble de manifestations volcaniques, surgit soudain une grande île formée de matières scoriacées. C'était, semble-t-il, un médiocre objet de convoitise que cette masse de rocs brûlants d'où s'échappaient d'abondantes fumées.

Le roi de Danemark n'en réclama pas moins aussitôt la propriété et il lui imposa le nom de Nyoë (île nouvelle).

Cette rapide et remarquable annexion finit la même année pour cause... de disparition de l'île.

La fortune de l'île Julia fut à peu près semblable.

Son apparition ne laissa pas que de faire à l'époque (1831) grande sensation en Europe. Surgissant entre Pantellaria et la Sicile, à 40 kilomètres au sud de Selinonte, elle ne pouvait manquer, par sa situation sur la route de Sicile en Afrique, d'être réclamée par plusieurs nations. Il s'agissait d'abord de la baptiser. Tout le monde s'y employa, et elle porta jusqu'à six noms à la fois. Celui de Julia rappelle la date de son apparition, en juillet.

Le roi de Naples, Ferdinand, lui en octroya un septième; le sien.

Cependant l'érosion des vagues faisait son œuvre.

L'on n'était pas encore près de s'entendre lorsque la mer, déjouant toutes les diplomaties, se chargea de terminer le débat en engloutissant l'île. Exemple remarquable des solutions inattendues que la nature tient en réserve et peut apporter en des questions délicates.

L'île Julia ou Ferdinandea avait duré cinq mois.

Cratères.

Complétons maintenant les renseignements sur l'appareil volcanique par quelques indications relatives aux cratères, qui sont l'élément caractéristique des volcans. Alors que toute activité a disparu, l'origine volcanique d'une montagne sera toujours décelée avec certitude par la présence du cratère.

Tous n'ont pas la même origine. On distingue les *cratères d'explosion* et ceux qui résultent d'*effondrements*. Les deux causes réunies peuvent d'ailleurs intervenir simultanément. Les premiers sont souvent de véritables gouffres, d'autant plus profonds que l'explosion fut plus violente. Un exemple remarquable est fourni par la formidable explosion du Temboro qui fit sauter, en 1815, une montagne de près de 2.000 mètres. Ses débris ont été évalués à trois fois la masse du Mont-Blanc ! On juge du résultat produit. A cette origine se rattachent ces cratères qu'ont envahis les eaux et qu'on appelle des cratères-lacs. Le célèbre lac Pavin, ceux de La Godivelle, en Auvergne, le *Gour* de Mazenat, près de Manzat, en sont des exemples souvent cités.

Les *maars* (gouffres d'eau) de l'Eifel, les célèbres lacs d'Albano et de Nemi dans le Latium, ceux de Gillenferd et de Laach, admettent la même origine. Le dernier présente cette particularité qu'il redevint plus tard un cratère actif. Le fait est à noter et n'a rien qui puisse surprendre; il semble naturel que les produits éruptifs se fassent jour avec plus de facilité dans un endroit où une excavation a établi une large communication avec les couches profondes.

Citons aussi les cratères-lacs de Nossi-Bé, à Madagascar, taillés « comme à l'emporte-pièce » dans les roches que les explosions ont éclatées à la manière d'un coup de mine. « Les indigènes leur donnent le nom de *Tané-Lastak*, qui veut dire *montagne tombée dans un trou*. Occupés maintenant par des eaux limpides, d'un bleu d'azur, où s'agitent des milliers de poissons aux vives couleurs, ils constituent là de véritables aquariums naturels qui peuvent compter comme une des merveilles de l'île (1). »

D'autre part, il est naturel de concevoir qu'à la suite du vide énorme produit par la subite émission de masses considérables lors d'une éruption, il se produise des effondrements et des gouffres. Tel paraît être l'origine du *Kilauea*, l'un des cratères du gigantesque Mauna-Loa. Situé à 1.240 mètres seulement de la montagne qui s'élève à plus de 4.000 mètres, il marque donc une énorme dépression d'environ 3.000 mètres, dont l'origine semble devoir être attribuée à un effondrement. Cela devient plus vraisemblable encore si l'on remarque que récemment, en 1868, un nouvel affaissement s'y produisit brusquement portant le cratère à 30 mètres au-dessus du niveau qu'il occupait.

On ne saurait trop répéter, d'ailleurs, que souvent la genèse d'un cratère n'est pas attribuable à une cause unique.

Pour ce qui est des *détails descriptifs* nous ne pourrions que reproduire ici ce qu'on trouvera facilement dans les ouvrages spéciaux. Autant de volcans, autant de particularités nouvelles. Les descriptions ne manquent pas. Malgré les difficultés et les dangers que présente l'observation directe des cratères actifs, même en dehors des périodes paroxysmales, cette observation a été souvent répétée. Ren-

1. Velain. *Géologie*.

dons hommage en passant aux savants dont le zèle pour la science ne s'est point laissé arrêter par les difficultés de l'entreprise; car c'est souvent au péril de leur vie que Dolomieu, P. Scroppe, Hoffman, Darwin, Sainte-Claire-Deville et tant d'autres ont arraché à la nature quelques-uns de ses secrets.

Ajoutons toutefois, pour ceux que hanterait le souvenir de Pline ou d'Empédocle, qu'en certains cas spéciaux, il est loisible de satisfaire sans péril sa curiosité en mettant à profit le repos du volcan ou certaines dispositions naturelles favorables.

Le *Caldera*, dans l'île de Palma, véritable *coupe* théorique naturelle, met sous les yeux la structure intime de l'appareil volcanique jusqu'à 2.000 mètres de profondeur. Il en est ainsi du fameux *Val del Bove*, qui découpe les flancs de l'Etna, et nous révèle la constitution de cette admirable montagne volcanique.

De l'activité volcanique. Éruptions.

Ces deux termes ne sont pas synonymes : l'activité volcanique présente tous les degrés. L'éruption en est la manifestation caractéristique. Mais l'éruption elle-même n'est pas toujours et nécessairement, comme on le croit souvent, une crise violente. La sortie des matières éruptives ne s'accompagne pas toujours de ces terribles projections qui sèment la terreur et la mort. En certaines circonstances, lorsque les dégagements gazeux sont peu abondants, et si la fluidité des laves est grande, celles-ci s'élèvent dans le cratère où elles gisent, et s'épanchent librement au dehors par déversement naturel.

Un remarquable exemple en est fourni par le Kilauea, dont nous avons déjà parlé. Ce gouffre, qui mesure près de 5 kilomètres de long sur 2.500 mètres de large, où tiendrait une ville entière, est une gigantesque chaudière au fond de laquelle gît un véritable lac de feu. La lave en fusion émet une lueur sombre par la formation d'une couche de scories superficielles. Par instants de grosses bulles gazeuses viennent éclater et mettent à nu la surface éblouissante du bain de matières fondues. Les parois du cratère et les nuages qui surplombent celui-ci sont alors vivement illuminés de lueurs fulgurantes.

Le niveau de ce lac de feu ne demeure point constant. Il s'élève ou s'abaisse suivant que les matières venant des profondeurs s'accumulent ou qu'elles trouvent issue par où s'épancher. Pendant l'année 1830 il s'éleva considérablement. Au mois de juin de l'année suivante, une fente s'étant

Le Stromboli.

déclarée livra passage à une puissante coulée de lave dont le torrent s'étendit à 215 kilomètres et vint se jeter dans la mer.

Le niveau dans le cratère tomba de ce fait à 500 mètres au-dessous.

Un pareil mode d'activité — qui n'est pas le seul qu'offre le Kilauea — est appelé *mode Strombolien*. C'est en effet l'allure ordinaire et constante du *Stromboli*.

Ce volcan, bien connu de toute antiquité, et dont Homère fait mention, a de tout temps servi de phare aux navigateurs.

Il a toujours été en pleine activité; mais ne présente jamais d'éruptions très violentes. Il n'est pas cependant sans présenter certaines variations. Elles servent de « baromètre » aux pêcheurs qui habitent le rivage au pied de la montagne, car il y a des habitants; comme il y en a au pied du Vésuve malgré ses terribles avertissements. Les habitants de Torre del Greco ont à plusieurs reprises reconstruit leur ville détruite par le volcan; tant il est vrai qu'on tient au sol natal par des attaches plus puissantes que le souvenir des maux qu'on y a soufferts.

Paroxysmes.

Le plus souvent les volcans sont intermittents; et, après des intervalles de repos plus ou moins prolongés, ils entrent dans une période de *paroxysme* dont il nous faut maintenant parler.

Chaque volcan, et, pour chaque volcan, chaque nouveau paroxysme présente à cet égard des variations sur lesquelles il serait trop long d'insister. C'est l'histoire particulière de chaque volcan et de chaque éruption qu'il faudrait écrire. Bornons-nous à rappeler que la violence de l'éruption est en général d'autant plus grande que le volcan est resté plus longtemps en repos. L'histoire du Vésuve en témoigne assez: Depuis la fameuse éruption de l'an 79 après Jésus-Christ, le volcan resta en repos jusqu'en 1621; son réveil fut terrible. Devenues beaucoup plus fréquentes, ses dernières périodes d'activité furent certainement marquées par de moindres désastres.

Quoi qu'il en soit le paroxysme est toujours une crise violente; et il est bien vrai que souvent elle affecte le caractère d'un véritable cataclysme. Il suffira de mentionner à cet égard l'épouvantable désastre survenu le 25 août 1883, dans les îles de la Sonde, lors de l'éruption du Krakatoa.(1) Plus de *quarante mille* personnes y trouvèrent la mort.

Description sommaire d'une éruption.

L'éruption s'annonce généralement par certains phénomènes prémonitoires. Trépidations et secousses bientôt violentes du sol, dégagements de fumées de plus en plus abondantes; assèchement des sources voisines, fusion subite des

1. *L'Éruption du Krakatoa.* C. Flammarion.

neiges lorsque la montagne en est couverte : explosions répétées et renforcées sont autant de signes précurseurs qui semblent préluder au paroxysme final.

Pour celui-ci on peut le résumer ainsi :

Dans une suprême explosion, le cratère s'ouvre avec fracas et, par l'ouverture béante, vomit des torrents de vapeurs auxquelles s'ajoutent des projections de roches diverses.

Les produits rejetés par un volcan sont en effet de trois sortes : des *solides*, des *liquides* et des *gaz*. Mais ils n'apparaissent pas tous en même temps ni de la même manière, et chacun d'eux marque pour ainsi dire les diverses phases du paroxysme.

C'est d'abord une gerbe de vapeur d'eau qui s'élance verticalement à une hauteur toujours considérable et parfois prodigieuse (au moins *vingt mille mètres* pour le Krakatoa). Ce gigantesque panache de vapeur entraîne avec lui des matières pulvérulentes qui lui communiquent une couleur sombre et l'apparence d'une fumée noire. Les deux teintes, par instants, forment un contraste saisissant maintes fois signalé par leur rapprochement au hasard des remous de ces masses de vapeurs qui roulent les unes sur les autres semblables à de grosses « boules de coton » et à d'épais nuages de suie. La partie supérieure s'étale dans le ciel en une nuée circulaire offrant l'image d'un immense parasol ou d'un pin gigantesque pour employer la comparaison de Pline le Jeune.

Avec ce jet de vapeur, et en même temps que lui, sont lancées aussi des roches solides de toutes dimensions que la force explosive arrache au cratère et à la cheminée. Certains de ces blocs ont des dimensions extraordinaires. La Condamine en cite que lança le Cotopaxi lors de sa grande éruption de 1533, qu'il estime « aussi grosses qu'une chaumière d'Indien ». En 1840, le mont Ararat en aurait lancé du poids de 20.000 kilogrammes. D'autres pierres sont grosses comme le poing, comme des œufs. Les plus menues, désignées par les Italiens sous le nom de *lapilli* ou *rapilli*, retombent comme une grêle sur le sol. Alors seulement apparaît la lave, dont l'émission succède ordinairement à cette violente projection de substances solides et gazeuses.

Les laves s'échappent soit par le cratère débordant, soit *plus souvent* par des fentes qui s'ouvrent dans le flanc de la montagne. Celle-ci, comme on l'a dit de façon pittoresque, paraît alors *suer le feu.*

Souvent des cônes adventifs s'élèvent sur les fentes qu'ils jalonnent de la même manière que les volcans eux-mêmes jalonnent les lignes de fracture de l'écorce terrestre. D'abondantes et terribles émissions de cendres obscurcissent le ciel.

Le Vésuve.

Enfin le paroxysme se calme, le volcan épuisé par la violence de son effort, s'achemine vers le repos qui sera ou non définitif. La fin de l'éruption n'est plus marquée que par des dégagements gazeux... qui peuvent d'ailleurs persister pendant une période de temps considérable.

Telles sont, résumées à grands traits, les diverses phases d'une grande éruption.

Complétons maintenant cette description succincte en entrant dans quelques détails.

Orages volcaniques.

L'on retrouve souvent dans les descriptions la mention d'éclairs, de grondements et de détonations, c'est-à-dire de tous les éléments d'un véritable orage; et cela est conforme à la vérité. Ce qu'il ne faudrait pas croire c'est qu'il n'y eût là qu'une rencontre fortuite, l'éruption coïncidant avec quelque orage atmosphérique indépendant. C'est l'éruption même qui produit l'orage et celui-ci est bien un *orage volca-*

nique faisant partie du cortège des manifestations éruptives. M. Velain signale comme un des phénomènes qui s'imposent à l'attention les éclairs en zigzag qui sillonnent la colonne ascendante du Vésuve en éruption, ou qui s'en échappent en gerbes divergentes. On ne peut manquer d'ailleurs de trouver réalisées dans l'éruption même toutes les conditions d'une source puissante d'électricité; et, récemment, M. Palmieri a pu reconnaître pendant une éruption du Vésuve que les vapeurs sont électrisées positivement et les cendres négativement.

La question des flammes.

L'éruption s'accompagne-t-elle aussi de flammes? Y a-t-il, oui ou non, des flammes ainsi qu'on l'a dit? Assurément, cela ne fait plus aucun doute aujourd'hui. Et pourquoi et comment n'y en aurait-il pas? Plusieurs auteurs, parmi lesquels Spallanzani et Gay-Lussac, ont nié le fait, pensant qu'il n'y avait là qu'une illusion produite par l'illumination des nuages de vapeur. Sans doute on aurait tort de voir une flamme gigantesque dans la « colonne de feu » qui remplace pendant la nuit la colonne de fumée s'élevant du cratère jusqu'aux nues. L'immobilité que conserve cette colonne lumineuse au milieu de la tourmente volcanique, les variations qu'elle subit seulement dans son éclat, et la possibilité qu'on a d'apercevoir au travers des étoiles de faible clarté ne peuvent s'expliquer que s'il s'agit d'un reflet, et c'est bien la conclusion à laquelle on s'est arrêté pour ce qui regarde cette colonne simplement lumineuse au milieu de laquelle des jets de scories brûlantes tracent de brillantes et fugitives trajectoires, mais il n'y a pas que cela. M. G. Bonnier écrit, après beaucoup d'autres, « il ne se produit jamais de flammes », et il ajoute en explication : « Les laves ne sont pas combustibles et ne brûlent pas au contact de l'air. » Les laves ne sont pas combustibles, soit! Mais les gaz? N'y a-t-il pas des vapeurs combustibles? ne serait-ce que l'hydrogène et les carbures d'hydrogène qui se dégagent avec tant d'abondance? Comment croire que dans un milieu porté à une si haute température ces gaz, éminemment combustibles, ne brûlent pas? D'ailleurs, il s'agit moins de raisonner que d'observer exactement. C'est une question de fait. Y a-t-il quelque motif assez puissant pour mettre en doute les assertions d'observateurs éprouvés tels que La Condamine, Boussingault et Bory-Saint-Vincent? Soufflot affirme expressément avoir observé des flammes à l'éruption de l'Etna en 1759. De même Verdeot au Vésuve; de même encore MM. Deville et Fouqué à Santorin et à Vulcano.

Ajoutons que M. Fouqué s'est même assuré de la présence de l'hydrogène dans ces flammes. C'est donc qu'elles existent. M. Janssen, de son côté, a également reconnu, par l'emploi du spectroscope, l'hydrogène en même temps que les raies du carbone et du cuivre.

La vérité est que la présence des flammes longtemps contestée est aujourd'hui démontrée par les observations décisives de la façon la plus authentique.

Pendant l'éruption de Santorin, en 1866, la petite île d'Aphrœssa « était, rapporte M. Fuchs, de temps en temps entourée de flammes qui apparaissaient à la surface de la mer. Des flammèches apparurent aussi par-dessus les fissures de la lave, en sorte que l'île Georgios « fut illuminée par plusieurs milliers de ces flammèches dans la nuit du 5 au 6 février, tandis qu'une flamme puissante et ondulante jaillissait du sommet du cratère ». Ajoutons que la présence de substances diverses communique à ces flammes les colorations variées et l'aspect des feux de Bengale.

Les cendres.

Que faut-il penser des cendres? Ce qu'on appelle ainsi n'a rien de commun avec le résidu de nos foyers. Ce sont, plus exactement des *poussières volcaniques* résultant de l'extrême division mécanique de matières rocheuses ayant plus ou moins subi la fusion.

L'expression de cendres qui, dans son acception ordinaire, implique l'idée d'une combustion incomplète laisse place à une équivoque et à une fausse interprétation des faits, puisqu'en effet les roches ne *brûlent* pas; on l'a toutefois conservée par habitude.

Leur *abondance* est telle parfois que le ciel en est totalement obscurci. Lors de l'éruption du Vésuve en 1822, de

Humboldt rapporte qu'on allait par les rues, de jour, avec des lanternes.

L'éruption du Krakatoa fit, d'après un témoin oculaire, régner sur une immense étendue une *nuit de dix-huit heures*. Les matières pulvérulentes retombaient dans un rayon de 15 kilomètres en s'entassant par amas de 20,40 et 60 m. d'épaisseur.

Leur *légèreté* leur permet d'être emportées par le vent à des distances prodigieuses. Les cendres du Vésuve sont tombées plusieurs fois à Constantinople. En 1875 celles du Skaptar-Jokul, en Islande, franchirent une distance de 1.900 kilomètres et couvrirent toute la Scandinavie (1). Lors de l'éruption formidable du Temboro, l'île de Bornéo, distante de 140 kilomètres du foyer volcanique, fut entièrement couverte de cendres. Ce fut un tel désastre, et l'impression fut si forte dans les esprits, que l'on compte maintenant les années à partir de *la grande chute des cendres*.

L'exploration du *Challenger* révéla ce fait intéressant que, partout, le lit des mers profondes est tapissé de pareils débris volcaniques (2).

L'épais nuage de vapeur émis par le volcan ne reste pas indéfiniment suspendu. Il se résout en pluies torrentielles. Mêlées à l'eau, les cendres forment une boue épaisse et compacte plus terrible que la lave de feu... qu'on peut du moins éviter. Lors de la première éruption historique du Vésuve (celle-là même qui en l'an 79 de notre ère coûta la vie à Pline le naturaliste, et dont le récit nous fut conservé par le neveu de celui-ci), ce furent des cendres, non des laves, qui firent tout le mal.

Les matières pulvérulentes, mêlées à de fortes pluies, retombèrent pendant huit jours et huit nuits sur les malheureuses régions voisines, impuissantes à se soustraire au fléau. C'est à tort qu'on attribue aux laves (il ne paraît pas qu'il s'en soit épanché lors de cette éruption) la destruction de Pompéi, d'Herculanum et de Stabies, ces trois villes qui disparurent de la face du monde et dont, chose étrange,

1. Velain, *Géologie*.
1. Les tufs ponceux et les pouzzolanes d'Italie n'ont pas d'autre origine. Autrefois sous-marins ils ont été relevés ultérieurement.

Pline le Jeune, dans sa fameuse lettre à Tacite, ne dit pas un mot.

Le *tuf* durci d'où l'on exhuma Pompéï, ensevelie depuis dix-huit siècles, représente un linceul de cendres et de poussières d'une épaisseur de 18 à 45 mètres (1).

Il paraît difficile de ne pas rapprocher de ces faits les immenses torrents de boue dont le Cotopaxi, différents volcans de l'Équateur, de Java et d'Islande ont à plusieurs reprises donné le terrible spectacle. Les effets produits sont formidables, et toute l'hydrographie des régions se trouve ainsi parfois bouleversée. Il importe toutefois de remarquer l'origine toute *spéciale* de ces derniers phénomènes, qui résultent de la fonte des neiges dont les cratères sont couronnés.

Enfin, si l'on fait abstraction de la différence d'origine pour ne considérer que les résultats, on sera conduit à placer ici l'indication des *salses* ou *volcans de boue* qui sont exploités en raison des hydrocarbures qu'ils amènent avec la boue jusqu'à la surface du sol.

Les laves.

Elles sont très diverses d'aspect et de composition. Toutes sont des *roches en fusion ignée*. On les a justement comparées aux scories de forge et aux laitiers des hauts fourneaux. Tantôt très fluides, d'autres fois visqueuses, elles doivent à ces différences d'état physique qui résultent de leur composition une différence remarquable dans leur manière d'être. Les premières forment ces torrents de feu qui se précipitent sur les pentes avec une vitesse parfois énorme (2). Cette vitesse décroît d'ailleurs à mesure que la température de la lave s'abaisse.

A l'état visqueux elles forment ces sortes de blocs scoriacés, peu cohérents, dont s'édifient certains cônes volcaniques singuliers appelés cumulo-volcans, essentiellement instables, et dont l'aspect a été comparé, d'une manière aussi

1. La destruction des deux villes désormais célèbres ne s'accomplit pas d'ailleurs par le même mécanisme. Herculanum fut scellé par une croûte de boue volcanique.

2. En 1805, on en vit s'élancer sur les flancs du Vésuve avec une vitesse de 20 mètres à la seconde. (Velain.)

juste que pittoresque, à une montagne de coke qui s'éboule. (Velain.)

Les *bombes volcaniques* ne sont autre chose que des morceaux de lave dont la projection s'est accompagnée d'un mouvement giratoire dont elles portent la trace manifeste. Ce sont, comme on les a appelées, les *larmes* du volcan.

Lorsque la matière est très fluide, elle s'éparpille dans son vol à travers l'air, et forme des gouttelettes vitreuses, ou s'étire en filaments fins et déliés semblables à ces « fils de la Vierge » qu'on voit au printemps flotter dans l'air. Du lac permanent de lave qui gît au cratère de Kilanca, le vent enlève ainsi de nombreux filaments connus dans le pays sous le nom de cheveux de Pelé.

Ces mêmes laves très fluides prennent après solidification l'apparence du verre fondu. La surface d'un fragment d'une pareille lave est douce et brillante (1). Prise en masse, elle donne dans l'ensemble l'impression d'une couche de cire coagulée. L'*obsidienne* présente ces caractères. Elle ressemble tout à fait à du verre de bouteille. Sa cassure se fait par éclats à bords minces et tranchants. Aussi cette pierre est-elle employée au Mexique comme couteaux et comme rasoirs; on en exploite là de grandes quantités à la *colline des couteaux*. (*Cerro de Navajos.*)

Parfois encore, de longues coulées de laves fluides forment après refroidissement des traînées vitreuses contournées ressemblant à des cordages, d'où le nom de *laves cordées*. La Réunion en fournit de bons exemples.

Tout autre est l'aspect des laves plus visqueuses au sein desquelles s'opère laborieusement le dégagement des gaz. Ceux-ci forment des bulles qui font *lever* la pâte lavique, comme cela se produit pour le pain, et communiquent à la roche après sa solidification une remarquable légèreté. Telle est l'origine des *ponces*. Enfin les surfaces rugueuses et déchiquetées des coulées de laves désignées sous les noms de *sciarre* en Sicile, ou de *cheires* en Auvergne, doivent cette apparence aux boursoufflures produites par le dégagement irrégulier des bulles qui viennent crever à la surface scoriacée de la croûte externe.

1. Les habitants des Iles Sandwich leur donnent le nom de *pahoe-hoe* qui signifie peau de satin. (Velain.)

Température et solidification des laves.

La température des laves au moment de leur émission est extrêmement élevée. Malgré les difficultés, plusieurs observateurs ont réussi à s'aventurer au voisinage de laves incandescentes dont la température a pu être évaluée entre 1.000 à 2.000 degrés. Mais aussitôt son émission, et dès qu'elle est exposée à l'air, la lave commence à se refroidir. Son éclat diminue : il n'est plus insoutenable; la chaleur d'irradiation n'est point telle qu'elle puisse empêcher les guides napolitains de prendre des empreintes pour des médailles commémoratives des éruptions. Le première consolidation commence. Déjà des pierres lancées sur la coulée ont peine à s'enfoncer, et leur choc est sonore comme celui d'une pierre lancée sur une pièce d'eau que recouvre une légère couche de glace.

Le travail de solidification va se poursuivre en même temps que le refroidissement; mais celui-ci (le fait est important à signaler), se trouve retardé maintenant par la mince croûte solide qui désormais protège la masse interne contre le rayonnement. La matière liquide en fusion s'écoule au-dessous d'une voûte solide et il arrive parfois que, le canal se vidant intérieurement, il ne subsiste plus qu'une véritable gaine, un *tunnel*, sorte de tuyau de conduite dont les parois sont faites d'une matière scoriacée rugueuse et pleines d'aspérités.

Le plus souvent, la masse interne demeure sous la croûte extérieure, celle-ci protégeant celle-là,qui reste fluide pendant fort longtemps. La coulée émise par le Jorullo, en 1759, était encore chaude cinquante ans plus tard. L'on marche aisément sur un champ de laves qu'il suffit de creuser pour allumer un morceau de bois.

Il y a dans ces faits une indication fort intéressante pour la théorie. On peut, en effet, voir là une image réduite du globe terrestre lui-même avec son écorce et son noyau central en fusion.

Nous terminerons ce sujet en rappelant les singuliers et remarquables effets du refroidissement sur certaines laves anciennes qu'on appelle les basaltes. La masse s'est débitée en colonnes prismatiques, non par un effet de cristallisation mais par un phénomène de retrait comparable à celui par lequel l'amidon se fragmente en bâtons par dessiccation.

Il serait superflu d'insister ici sur les beaux accidents pittoresques auxquels donne lieu ce phénomène. Ce sont tantôt des colonnades rappelant les piliers des cathédrales, tantôt de gigantesques palissades évoquant des *forteresses cyclopéennes;* ici, des piliers bas offrent par leur section hexagonale régulière une sorte de dallage naturel qui forme une *chaussée de géants;* ailleurs, de hautes colonnades restent suspendues verticalement aux flancs de la montagne qui a fourni la coulée, figurant de gigantesques tuyaux d'orgue. Les exemples sont nombreux.

Le volcan d'Aizac, en Auvergne, et surtout la célèbre grotte de Fingal, dans l'île de Staffa (Hébrides), fournissent de magnifiques spécimens, souvent cités, de cette architecture naturelle.

Phénomènes consécutifs à l'éruption.

L'éruption est maintenant terminée. Graduellement les dégagements gazeux diminuent d'intensité. Il nous suffira de citer les *solfatares* et les *suffioni* comme les plus importantes des dernières manifestations volcaniques.

Une solfatare, c'est un cratère d'où s'échappent de la vapeur d'eau et divers gaz parmi lesquels l'hydrogène sulfuré. Celui-ci donne lieu à des dépôts de soufre, véritables mines activement exploitées, notamment à Pouzzoles.

Les *suffioni* ou *soufflards* sont réduits à des jets de vapeur aqueuse qui s'échappent par les fentes du sol. En Toscane ils donnent lieu à une important industrie. De l'eau condensée dans les *lagoni* on extrait l'acide borique, objet d'un commerce important. On en pourrait aussi rapprocher les geysers ou volcans d'eau et les sources thermales et minérales qui relèvent encore de l'activité volcanique.

Fumerolles, solfatares, suffioni, mofettes, tout cela n'est qu'un même phénomène à des degrés divers d'intensité. Enfin, de toutes les manifestations de cette activité, la dernière est représentée par des dégagements d'acide carbonique (mofettes).

Ceux-ci peuvent persister bien longtemps après l'extinction complète du volcan. On en a la preuve dans ces émanations si fréquentes au pays d'Auvergne, où pourtant les volcans se sont éteints avant l'aurore des temps historiques.

Les champs phlégréens et les lacs avernes (sans oiseaux), objets de terreur superstitieuse, étaient regardés comme les portes du Tartare. C'étaient des foyers d'émanations de gaz carbonique. Le dégagement de ce gaz, qui a rendu fameuse de nos jours la Grotte du chien, près du lac d'Agnano, n'est que le résidu et le témoin des anciennes et abondantes émanations.

La célèbre *Vallée de la mort* ou du *Poison*, à Java, admet même origine et même explication. Ancien cratère rempli à plein bord d'acide carbonique irrespirable, ce lieu désolé est jonché de squelettes. C'est un véritable ossuaire. Nul être vivant ne peut s'y aventurer sans périr. Si l'on en croit Loudon, on y envoyait autrefois les condamnés à mort.

CHAPITRE II

EXPOSÉ CRITIQUE DES DIVERSES HYPOTHÈSES

« La Volcanicité est l'influence qu'exerce l'intérieur d'une planète sur son enveloppe extérieure dans les différents stades de son refroidissement. »

DE HUMBOLDT

Théorie chimique.

Bien des explications ont été proposées de l'activité volcanique. Plusieurs rendent suffisamment compte d'une grande partie des phénomènes et méritent pour ce motif d'être examinées, sinon retenues. D'autres, au contraire, nées à une époque où le nombre des volcans bien connus était peu considérable, ne sauraient satisfaire à l'ensemble des phénomènes dont il a fallu tenir compte au fur et à mesure que le sujet s'enrichissait de nouvelles observations. Celles-là, il faut se résoudre à les abandonner. Tel est le cas de l'hypothèse introduite dans la science sous le patronage et l'autorité de Werner, et qui attribue les éruptions à des incendies souterrains provoqués par des oxydations et des réactions diverses dans lesquelles l'eau jouerait le principal rôle. Tout le monde connaît l'expérience de Lémery dans laquelle on reproduit l'apparence d'un volcan en miniature en mélangeant dans une cavité creusée dans le sol, du soufre et de la limaille de fer humecté d'eau. Ce n'est là qu'une jolie expérience de chimie qu'on pourrait à bon droit rapprocher des récréations de physique amusante, et nous nous étonnons qu'elle ait pu paraître suffisante, même à l'époque, pour expliquer le phénomène grandiose de l'émission des laves et des projections de scories.

En tout cas elle nous paraît d'une insuffisance absolue dans l'état actuel de la science.

Théorie des refoulements.

Si l'on veut avoir la clef du problème il faut la chercher dans la distribution géographique des volcans. Qu'on se reporte au tableau que nous en avons donné au début de cette étude et sur lequel nous avons appelé l'attention du lecteur. On ne manquera pas d'être frappé de ce fait que toujours les foyers volcaniques coïncident avec les régions où la déformation de l'écorce terrestre a produit dans celles-ci des rides profondes.

Il nous semble alors impossible d'échapper à cette conclusion : les volcans se sont établis sur les grandes lignes de dislocation de l'écorce, *à la manière des cônes adventifs qui jalonnent les fêlures ouvertes dans les flancs d'une montagne volcanique.* La concentration de ces appareils sur les points de croisement de ces grandes lignes s'explique ainsi tout naturellement par la facilité qu'offre à l'épanchement des masses fluides internes la multiplicité ou l'élargissement des communications établies.

Et maintenant, l'étude du volcanisme proprement dit, c'est-à-dire du mécanisme qui détermine l'ascension et l'épanchement à la surface des matières fluides ordinairement recouvertes par l'écorce, se trouve être éclairée d'un jour spécial. En constatant, ce qui est incontestable, la situation d'un grand nombre de volcans dans des îles ou au voisinage de la mer, nous sommes conduits, par ce qui précède, à n'attribuer à ce voisinage que l'importance d'une coïncidence nécessaire avec le phénomène général de la formation du relief, au lieu d'y voir nécessairement la preuve d'une relation de cause à effet. Le *rempli*, pour employer une expression d'Elie de Beaumont, par lequel se manifeste le ridement de l'écorce, donne lieu à une dépression et à une saillie dont les versants sont *inégalement inclinés*. C'est là un fait d'observation. Le versant *le plus abrupt plonge vers une grande dépression habituellement occupée par la mer*, le moins raide s'abaisse vers une dépression moins accentuée à pente plus longue, et qui peut le plus souvent rester continentale. Or, des considérations purement mécaniques ne permettent pas de douter que la région occupée par le versant le plus abrupt ne soit le point où se concentre l'effort des refoulements auxquels l'écorce doit se rider; et il ne peut manquer de se produire en cet endroit des cassures. Celles-ci se laissent envahir par les matières en fusion qui subissent elles-mêmes en ce point le maximum des mêmes efforts.

Ainsi la présence des volcans au voisinage de la mer se trouve suffisamment justifiée par ce fait que les grandes dépressions océaniques coïncident précisément avec les lignes de dislocations maxima; comme aussi ce qu'on vient de dire rend compte de l'absence d'appareils volcaniques sur les plaines qui s'étendent du côté du versant le moins raide; cette absence, vérifiée sur toute la côte Atlantique des Amériques, et en particulier du Brésil, dans les passages de mers peu profondes, comme la Baltique et la mer du Nord, s'explique bien par ce que nous avons dit précédemment sur les particularités du relief; tandis qu'elle déconcerte l'esprit de celui qui serait tenté de voir dans le voisinage de la mer la preuve de son intervention dans l'activité volcanique. Le seul fait qu'il est une particularité du phénomène en accord avec la théorie des refoulements, et dont l'autre est impuissante à rendre compte, nous fait adopter la première qui ne laisse aucun fait inexpliqué.

Justification de la théorie des refoulements.

L'ampleur du phénomène, l'abondance des matériaux amenés à la surface, s'y trouvent suffisamment justifiés par un calcul de Cordier, qui établit qu'il suffirait d'une compression réduisant de 1 millimètre le diamètre du noyau fluide pour expulser au dehors une masse capable d'alimenter 500 éruptions dont chacune représenterait 1 kilomètre cube de lave. Quant aux masses gazeuses qui accompagnent les éruptions, elles trouvent leur explication dans le dégagement par une conséquence naturelle du refroidissement des gaz que l'énorme pression qui caractérise les périodes primitives a emmagasinés par voie de dissolution dans la masse fluide du globe. Les expériences et observations de laboratoire présentent, dans le fait bien connu du *rochage*, la représentation d'un phénomène tout à fait comparable.

Hypothèse marine.

L'*hypothèse marine* réussit à donner une explication séduisante, sinon suffisante, de quelques faits. C'est d'abord le fameux voisinage de la mer, et aussi la présence constante de la vapeur d'eau en grande abondance, et enfin le dépôt ou le dégagement de substances telles que le sel, les alcalis et l'acide chlorhydrique, que M. Fouqué considère, après expériences, comme le résultat de la décomposition de l'eau de mer par la vapeur d'eau. Les paroxysmes se trouvent expliqués dans cette théorie par la brusque vaporisation de l'eau, lorsque celle-ci se rencontre dans les fissures où elle s'est engagée par infiltration, avec les matières en fusion. L'explosion de ces matières, accompagnée d'un dégagement tumultueux de vapeur et de gaz, serait comparable au dégagement bouillonnant des eaux gazeuses et des boissons fermentées.

Si nous n'avons pas cru devoir refuser une place à cette théorie, qui a des partisans dans la science, nous ne pouvons du moins concéder qu'elle ait réussi dans ses efforts pour fournir à elle seule une explication réellement adéquate aux phénomènes. Pourquoi, si la mer est la cause des paroxysmes, ceux-ci sont-ils inconnus ainsi que les abondants dégagements de vapeur d'eau réclamés par la théorie aux cratères essentiellement marins du Stromboli et du Kilauca?

Comment, si vous invoquez le voisinage de la mer comme une preuve de son intervention, expliquerez-vous l'activité remarquable aussi bien que les mêmes dégagements de substances attribuées à la décomposition des eaux marines présentés par des volcans qui ne sont pas dans ce voisinage? Est-ce que le Cotopaxi est voisin de la mer? Sa distance en ligne droite à la côte est de *deux cents kilomètres*. Est-il voisin de la mer, le Popocatepelt situé à 245 kilomètres de la côte? N'est-ce pas enfin une singulière illusion puisée dans l'examen de cartes, nécessairement dessinées à une très petite échelle, que d'accorder que tous les volcans sont assez voisins de la mer, alors qu'il en existe en Mandchourie à *neuf cents kilomètres* de toute masse d'eau?

Pourquoi, demanderons-nous encore avec M. Contejean. la gerbe d'eau vaporisée qui, selon vous, chasse comme un bouchon la colonne de lave engagée dans les fissures, *précède-t-elle* l'émission de lave? Et par quel miracle enfin, l'eau de mer, échappant aux lois ordinaires des distillations, entraînerait-elle après sa vaporisation les sels dont les efflorescences à la surface sont invoquées par vous comme argument? A tous ces points d'interrogation, l'hypothèse marine ne peut fournir de réponse. Ce sont pour elle autant d'objections insurmontables que lève, nous l'avons vu, la théorie des refoulements.

Théorie mécanique.

Mentionnons encore pour mémoire une théorie imaginée par Sir Robert Mallet. Sir Mallet, qui explique tous les phénomènes volcaniques par l'affaissement et l'écrasement des couches terrestres, et pour qui la chaleur développée par le travail mécanique suffit à rendre compte de toutes les manifestations calorifiques, semble avoir eu pour principal but d'échapper à la notion d'une masse fluide interne. D'autres, comme M. Volger, ont imaginé, *dans le même but*, de donner comme auxiliaires au travail mécanique des réactions chimiques concomitantes. Aucun n'a réussi à rendre compte des phénomènes dans leur ensemble et dans leur ampleur.

Il convient, croyons-nous, de ne pas oublier que les moyens dont dispose la nature sont éminemment variés et complexes, et sans doute elle a dû souvent produire les mêmes résultats par des moyens tout différents, *eadem similia, sed aliter*.

En l'espèce, il n'est pas douteux qu'au phénomène de rétraction de l'écorce vient s'ajouter la puissance de vaporisation de l'eau. L'intervention de celle-ci est manifeste. On évalue à 98/100 le volume de l'eau rejetée dans une éruption. L'Etna, en 1865, émet, d'après les calculs de M. Fouqué, plus de 2 millions de mètres cubes de vapeur. Il est impossible de ne pas faire appel aux infiltrations pour expliquer ces énormes quantités de liquide; et, cela faisant, il devient difficile de refuser aux eaux océaniques une part dans ces infiltrations, *au moins* lorsqu'il s'agit de volcans *en réalité* peu éloignés de la mer.

Mais, en résumé, l'explication du phénomène volcanique, dans ce qu'il a de plus général, doit être surtout recherchée dans l'effort qui résulte des déformations subies par l'écorce du globe au cours du refroidissement séculaire. La définition générale que de Humboldt donne de la volcanicité est conforme à l'esprit de la science moderne, dont l'honneur est d'avoir réussi à rattacher la plupart des manifestations phénoménales à une même cause générale originelle.

Le Gérant : HENRI GAUTIER.

IMP. NOIZETTE ET Cie, 8, RUE CAMPAGNE-1re PARIS.

RÉCITS
DES
Grands Jours de l'Histoire
Directeur : PAUL GAULOT

CONDITIONS DE VENTE :

Le volume : **Quinze Centimes** DANS NOS BUREAUX ET CHEZ LES LIBRAIRES	Un volume : **Vingt Centimes** 2 volumes : **35 Centimes** RENDUS *franco* PAR LA POSTE

Écrire à M. HENRI GAUTIER, éditeur, 55, *quai des Grands-Augustins*
PARIS

Il paraît un volume par semaine.
Chaque volume se compose de 28 grandes pages, de format in-12 jésus, sous couverture en couleurs, simili-aquarelle. Imprimés sur beau papier velin vergé, en caractères elzéviriens, les volumes sont ornés de frontispices, culs-de-lampe, cabochons, *gravures hors texte*, reproduisant les œuvres les plus célèbres des grands peintres.

VOLUMES EN VENTE

Nº 1 CINQ-MARS ET DE THOU, leur complot, leur captivité, leur mort, par le vicomte DE FONTRAILLES.

Nº 2 LE MARIAGE DE LOUIS XIV, par Mme DE MOTTEVILLE.

Nº 3 DEUX ÉTAPES DU RETOUR DE L'ILE D'ELBE. — NAPOLÉON A GRENOBLE ET A LYON, par HENRY HOUSSAYE, de l'Académie Française.

Nº 4 LA DERNIÈRE PRISON DE MARIE-ANTOINETTE, par ROSALIE LAMORLIÈRE, servante à la Conciergerie.

Nº 5 LA PESTE DE MARSEILLE EN 1720, par l'abbé PAPON.

Nº 6 LA RÉCEPTION DU CZAREVITCH EN 1782, par la baronne D'OBERKIRCH.

Nº 7 LA MACHINE INFERNALE DE FIESCHI, par Maxime DU CAMP, de l'Académie Française.

Nº 8 LES PREMIERS JOURS DES ÉTATS GÉNÉRAUX (1789), d'après MARMONTEL.

POUR PARAITRE SAMEDI PROCHAIN

Nº 9 LA REVOLUTION DE 1830, d'après GERVINUS.

ABONNEMENT :

On s'abonne aux CINQUANTE-DEUX volumes d'une année.
Les abonnés recevront régulièrement un volume chaque samedi.

PRIX DE L'ABONNEMENT D'UN AN

France, Belgique et Algérie **Neuf francs**	Étranger et Colonies sauf la Belgique et l'Algérie **Onze francs**

Adresser les demandes, accompagnées du montant en mandat-poste, timbres français ou valeur sur Paris, à M. HENRI GAUTIER, *éditeur*, 55, *quai des Grands-Augustins, Paris.*

Pour paraître dans Quinze jours.

N° 75

LA VIGNE
sa Culture, ses Maladies

PAR

E.-A. SPOLL

ANCIEN ÉLÈVE DE L'INSTITUT AGRONOMIQUE DE VERSAILLES

La France est encore le pays du monde qui produit le plus de vin. La culture de la vigne est une de ses plus grandes sources de richesses. Il entrait donc tout naturellement dans le plan de notre collection de donner sur ce sujet des notions complètes et au courant des plus récentes découvertes de la science. C'est ce que fera le petit volume de M. E. A. Spoll.

ABONNEMENT

On s'abonne aux VINGT-SIX volumes d'une année
de la Bibliothèque Scientifique des Écoles et des Familles.

LES ABONNÉS RECEVRONT RÉGULIÈREMENT UN VOLUME TOUS LES QUINZE JOURS LE SAMEDI

PRIX DE L'ABONNEMENT D'UN AN

FRANCE — BELGIQUE ET ALGÉRIE	ÉTRANGER ET COLONIES SAUF LA BELGIQUE ET L'ALGÉRIE
QUATRE FRANCS 50 centimes	**CINQ FRANCS 50 centimes**

On s'abonne pour un an en envoyant le montant de l'abonnement, en mandat-poste, timbres français ou valeur sur Paris, à M. HENRI GAUTIER, éditeur, 55, Quai des Grands-Augustins, à Paris.

IMP. NOIZETTE ET Cie, 8, RUE CAMPAGNE-1re, PARIS.

www.ingramcontent.com/pod-product-compliance
Ingram Content Group UK Ltd.
Pitfield, Milton Keynes, MK11 3LW, UK
UKHW012304240726
13966UKWH00004B/1627

9 782011 908162